QING SHAO NIAN KE XUE TAN SUO YING

青少年科学探索营

U0740492

神奇探索之路

何水明 编著　丛书主编 郭艳红

地球：在月亮上看地球

汕头大学出版社

图书在版编目（CIP）数据

地球：在月亮上看地球 / 何水明编著. -- 汕头：
汕头大学出版社，2015.3（2020.1重印）
　　（青少年科学探索营 / 郭艳红主编）
　　ISBN 978-7-5658-1662-8

Ⅰ．①地… Ⅱ．①何… Ⅲ．①地球－青少年读物
Ⅳ．①P183-49

中国版本图书馆CIP数据核字(2015)第025957号

地球：在月亮上看地球　　　　DIQIU: ZAI YUELIANGSHANG KANDIQIU

编　　著：何水明
丛书主编：郭艳红
责任编辑：邹　峰
封面设计：大华文苑
责任技编：黄东生
出版发行：汕头大学出版社
　　　　　广东省汕头市大学路243号汕头大学校园内　邮政编码：515063
电　　话：0754-82904613
印　　刷：三河市燕春印务有限公司
开　　本：700mm×1000mm　1/16
印　　张：7
字　　数：50千字
版　　次：2015年3月第1版
印　　次：2020年1月第2次印刷
定　　价：29.80元
ISBN 978-7-5658-1662-8

版权所有，翻版必究
如发现印装质量问题，请与承印厂联系退换

前　言

　　科学探索是认识世界的天梯，具有巨大的前进力量。随着科学的萌芽，迎来了人类文明的曙光。随着科学技术的发展，推动了人类社会的进步。随着知识的积累，人类利用自然、改造自然的的能力越来越强，科学越来越广泛而深入地渗透到人们的工作、生产、生活和思维等方面，科学技术成为人类文明程度的主要标志，科学的光芒照耀着我们前进的方向。

　　因此，我们只有通过科学探索，在未知的及已知的领域重新发现，才能创造崭新的天地，才能不断推进人类文明向前发展，才能从必然王国走向自由王国。

　　但是，我们生存世界的奥秘，几乎是无穷无尽，从太空到地球，从宇宙到海洋，真是无奇不有，怪事迭起，奥妙无穷，神秘莫测，许许多多的难解之谜简直不可思议，使我们对自己的生命现象和生存环境捉摸不透。破解这些谜团，有助于我们人类社会向更高层次不断迈进。

　　其实，宇宙世界的丰富多彩与无限魅力就在于那许许多多的难解之谜，使我们不得不密切关注和发出疑问。我们总是不断地去认识它、探索它。虽然今天科学技术的发展日新月异，达到了很高程度，但对于那些奥秘还是难以圆满解答。尽管经过古今中外许许多多科学先驱不断奋斗，一个个奥秘被不断解开，推进了科学技术大发展，但随之又发现了许多新的奥秘，又不得不向新问题发起挑战。

宇宙世界是无限的，科学探索也是无限的，我们只有不断拓展更加广阔的生存空间，破解更多的奥秘现象，才能使之造福于我们人类，我们人类社会才能不断获得发展。

为了普及科学知识，激励广大青少年认识和探索宇宙世界的无穷奥妙，根据中外最新研究成果，编辑了这套《青少年科学探索营》，主要包括基础科学、奥秘世界、未解之谜、神奇探索、科学发现等内容，具有很强系统性、科学性、可读性和新奇性。

本套作品知识全面、内容精炼、图文并茂，形象生动，能够培养我们的科学兴趣和爱好，达到普及科学知识的目的，具有很强的可读性、启发性和知识性，是我们广大青少年读者了解科技、增长知识、开阔视野、提高素质、激发探索和启迪智慧的良好科普读物。

目 录

地球的内部结构

　　人类已经生活在地球上很多很多年了，我们都知道地球是一个巨大的球体，它的外貌我们可以看得见，有陆地、海洋、高山、平原……然而，地球的内部是什么样子的呢？是热的，还是冷的？是空的，还是实的？是固体的，还是液体的？

　　非常有趣的是，1818年有一位美国人说地球里面是空的，

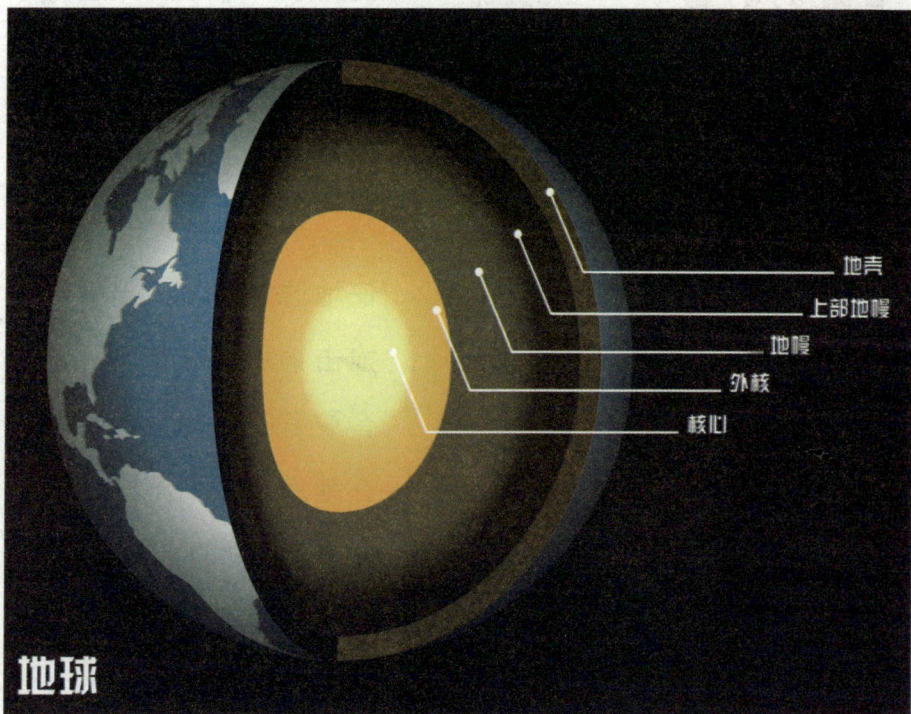

地壳
上部地幔
地幔
外核
核心

地球

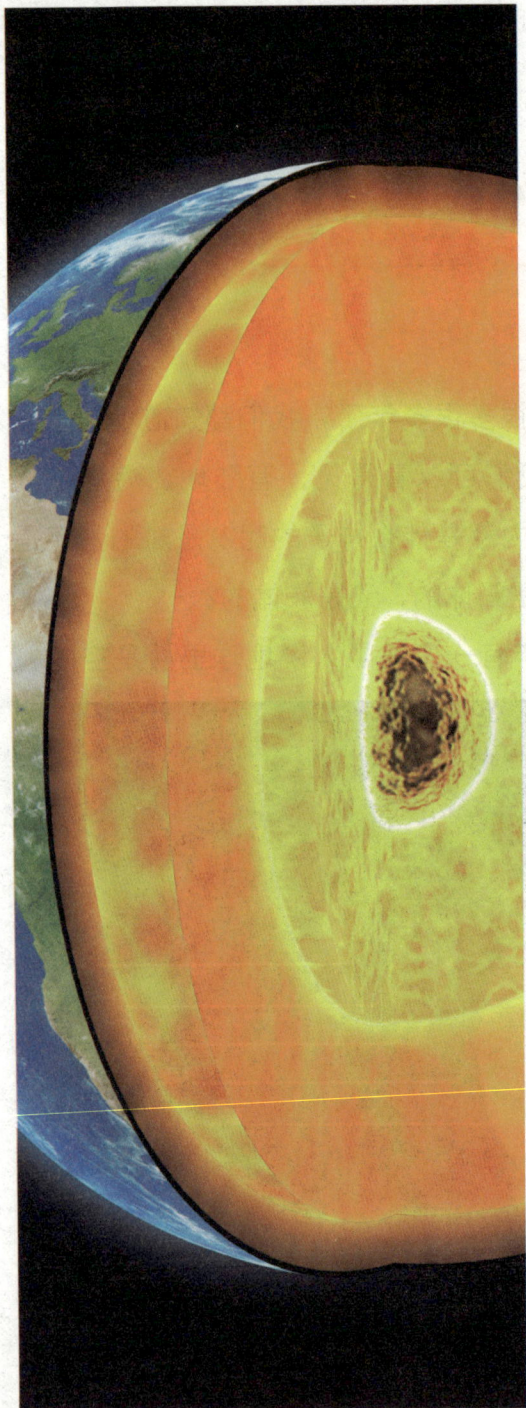

那里非常适合人类居住。他还说在地球的南极和北极附近开着两扇大门，人们可以从那儿走到地球的里面。

当时，有人信以为真，并且组织探险队去南极洲寻找那扇通向地球里边的大门。当然他们是失望而归了。

后来，科学家们终于找到了一个可以知道地球里面有些什么的办法，那就是利用地震波来揭开地球深处的奥秘。

原来，巨大的地震会使地球震动，传出像巨锤撞击铜那样的音波。这种音波有回声，也会弯曲，在地底下碰到不同的物质会发出不同的音调。

科学家用这种办法已基本摸清地球内部的结构

组成，并把地球分为地壳、地幔和地核3个部分。

地壳是地球最外面的一层。如果说把整个地球比喻为一个蛋，那么地壳就相当于是蛋壳。各地的地壳厚度不同，高山地区厚些，海洋地区薄些，整个地壳的平均厚度约为18千米，主要由岩石组成。

地幔是地壳和地核之间的中间层，也就是从地壳向下到约2900千米深的地方。它相当于蛋白，呈固态，但又有可塑性，好像沥青一样，在短时间内有一定的形状，但如果放久了就会变形。地幔主要是由铁和镁的硅酸盐类组成的。

地核是地球的中心部分，它相当于蛋黄。地核可以分外核和

内核两部分。外核厚约2200千米，呈液态，由液态镍、铁组成，内核厚1300千米，呈固态，由镍、铁组成。

在地球内部，越往深处，温度越高。在30多千米处，温度约有1000摄氏度，在100多千米深的地幔中，温度将会升高至1400摄氏度，而在地心，温度可高达5000摄氏度。当然，限于科学技术水平，人类对地球内部的了解还是有限的。随着科学技术的提高，我们将会越来越清楚地了解地球内部的情况。

延 伸 阅 读

地球的化学元素组成为：37.6%铁、29.5%氧、15.2%硅、12.7%镁、2.4%镍、1.9%硫、0.05%钛。硅酸盐是化合物的总称，它在地壳中分布极广，是构成多数岩石如花岗岩以及土壤的主要成分。

地球上的"伤疤"

在我们生活的地球上，我们往往只欣赏地球的山清水秀的完美，却没注意到地球有许多难以愈合的"伤口"。地球上最大的伤口是东非大裂谷和海底深处的大裂谷。

东非大裂谷从北亚的南土耳其一直延伸至非洲东南的莫桑比

克海岸。裂谷跨越50多个纬度，总长超过6500千米。人们称它是"地球上最大的伤疤"。

裂谷底部有些地方深不见底，积水形成40多个条带状或串珠状湖泊群。其中东非坦噶尼喀湖是全球最深的湖泊，水深超过1400米。而在无水的裂谷带，有巨大而狭长的凹槽沟谷，其两边是陡峻的悬崖峭壁。同时，裂谷带上活跃着火山带和地震带。在裂谷带的基伍湖下层，人们还发现至今形成机制还不清楚的甲烷气，储量高达500多亿立方米。

自20世纪60年代以来，人们在东非高原的裂谷带已经找到好几座碳酸岩火山，它们竟自地下深处喷涌出类似于碳酸盐岩性质的岩浆来，但碳酸岩的形成原因各不一样。

东非大裂谷还是人类最早的发源地。英国人类学家李基夫妇在坦桑尼亚奥杜韦峡谷于1959年发掘到175万年前的东非人头盖骨，打破了人类历史不超过100万年的传统观点。后来，人们又在坦桑尼亚、肯尼亚和埃塞俄比亚境内的裂谷地带找到更多更早的古人类骨骼或足迹的化石，报道年代有早至250万年前、300万年前，甚至500万年前的。

关于东非人起源的绝对年代以及他们为什么选择在裂谷带生活，至今还是个谜。而东非大裂谷究竟是由河流冲刷而成，还是因为地壳沉降形成一个夹在两边的峭壁间的地堑，至今未有定论。总之，现在人们仍无法知道它的形成原因。

据地质学家研究认为，大约3000万年以前，由于强烈的地壳

断裂运动，使得同阿拉伯陆块相分离的大陆漂移运动而形成这个裂谷。那时候，这一地区地壳处在大运动时期，整个区域出现抬升现象，地壳下面的地幔物质上升分流，产生了巨大的张力。在这种张力的作用之下，地壳发生大断裂，从而形成裂谷。

延　伸　阅　读

东非大裂谷下陷开始于渐新世，主要断裂运动发生在中新世，大幅度错动时期从上新世一直延续至第四纪。北段形成红海，使阿拉伯半岛与非洲大陆分离；马达加斯加岛在几条裂谷的扩张作用下，也与非洲大陆分裂开。

地球南北两极没有地震

　　地震又称地动、地振动，是地壳在快速释放能量的过程中造成振动的一种自然现象，这期间会产生地震波。地球上几乎到处都有地震，全球每年发生地震约550万次。地震常常造成严重的人员伤亡，能引起火灾、水灾、有毒气体泄漏、细菌及放射性物质

扩散，还可能造成海啸、滑坡、崩塌、地裂缝等次生灾害。

然而，南北两极地区至今却从未发生过地震。为什么南北两极地区没有地震呢？这一问题引起了世界地震专家们的注意。

美国田纳西州蒙非斯大学地质学家钟世腾根据他30多年的研究成果提出了自己的看法。

钟世腾认为，南极和北极的格陵兰岛内陆地没有地震的主要原因是由于地面上覆盖着厚厚的冰层。他指出，上述两地的冰雪覆盖面积分别达到90％和80％，冰层厚度达300米以上。

由于冰层的面积广、厚度大、分量重，在垂直方向便产生巨大的压力，使其下面的地壳板块都受到冰层挤压。

更巧的是，冰层产生巨大的压力，正好与地层构造的挤压相平衡，所以不会产生倾斜和弯曲，分散和弱化了地壳的形变，从而使地震无从发生。

但是，这位专家还认为，这种平衡只是相对的，这种微妙的平衡一旦被破坏，南北两极同样也会发生地震。

地震大多数是发生在地壳里面离地面5000米至20000米的地方。地壳里为什么会发生地震呢？原来地壳一向就不是静止不动的。在过去的若干亿年当中，它曾经有过多次巨大变动：现在的

高山，有些曾经是平地；现在的平地，有些曾经是高山。

不过这些变化要经过几百万年，而在一个人短暂的一生当中不大容易察觉出来。

地壳里面各个部分的运动是不均匀的，有的地方快一些，有的地方慢一些。在运动不均匀的地方和地壳比较弱的地方，就容易使地层产生破裂和错动，于是地震便发生了。

地震是地下岩层受应力作用错动破裂造成地面震动，同台风、暴雨、洪水、雷电一样，是一种自然现象。

延 伸 阅 读

世界上主要有两条地震带：一是环太平洋地震带，包括南北美洲太平洋沿岸和从阿留申群岛、堪察加半岛、日本列岛南下至我国台湾省，再经菲律宾群岛转向东南，直至新西兰的地带；二是喜马拉雅，即地中海地震带。

七大洲名称的由来

　　七大洲指亚洲、欧洲、北美洲、南美洲、非洲、大洋洲、南极洲。在世界七大洲中亚洲面积最大、人口最多，它的名字也最为古老。亚洲是亚细亚洲的简称，意思是"东方日出处"。相传"亚细亚"的名字是由古代腓尼基人所起。

　　亚洲，全称叫"亚细亚洲"。远在古代，人们就把太阳东升

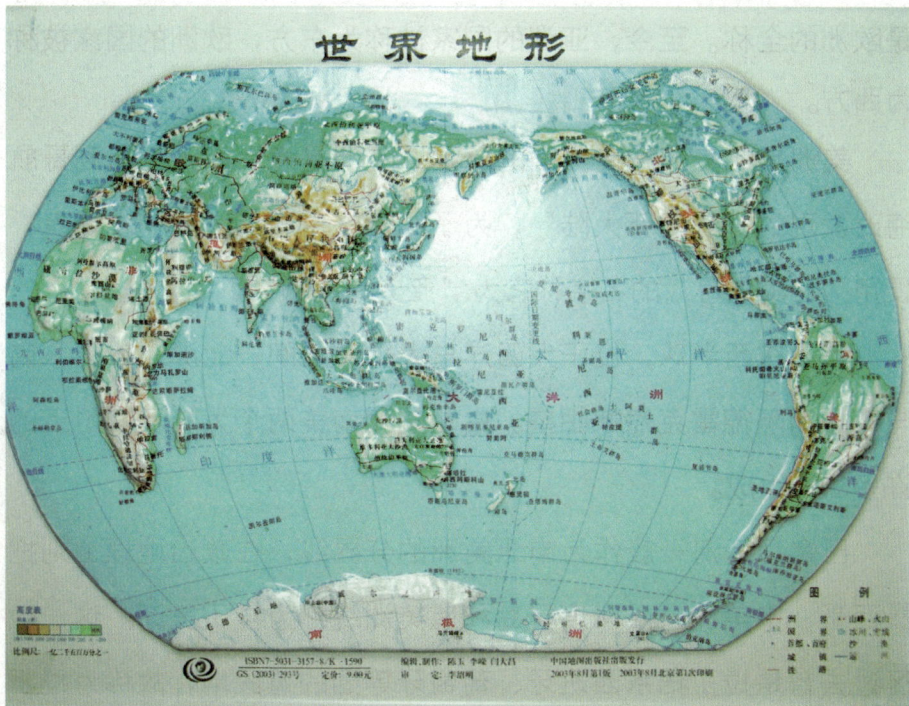

之时算做一天的开始，亚洲这块大陆当时被看做是太阳东升之处。以古代闪米特语来说，就是"亚细亚洲"，久而久之，人们就习惯于用"亚洲"来泛指这块大陆。

有日出就有日落，由于亚洲被看做日出之处，所以在闪米特人居住的西部的另一块陆地就理所当然地被看做是太阳西落的地方。"欧罗巴洲"就是闪米特语"日落之处"。"欧罗巴洲"就是欧洲的全称。至今，亚洲的国家被称为东方，欧洲的国家被称为西方。

美洲是北美洲和南美洲的总称。美洲是意大利人亚美利哥航海时发现的一块"新大陆"，为了纪念这位"新大陆"发现者，便用"亚美利哥"的名字称它为"亚美利加洲"，简称美洲。

美洲在西半球，位于大西洋与太平洋之间，北濒北冰洋，南与南极洲隔德雷克海峡相望。由北美和南美两个大陆及其附近的许多岛屿组成。

巴拿马运河一般作为南北美洲的分界线，在政治地理上则把墨西哥、中美洲、西印度群岛和南美洲统称为拉丁美洲。这一地区过去曾是拉丁语系西班牙、葡萄牙等国的殖民地，故称为拉丁美洲。

南美洲是南亚美利加洲的简称，位于西半球南部，东面是大西洋，西面为太平洋。陆地以巴拿马运河为界与北美洲相分，南面隔海与南极洲相望。总面积为1797万平方公里（含附近岛屿），占世界陆地总面积的12%。

北美洲仅指加拿大、美国、格陵兰岛、圣皮埃尔和密克隆岛、百慕大群岛。

非洲的全称是"阿非利加洲"，拉丁文是"阳光灼热"的意思。因为非洲被赤道横穿中部，所以非洲多处位于热带和亚热带地区。

大洋洲是17世纪欧洲人发现的，因其处于世界各大洋的包围之中，游离于其他大洲之外而得名。被发现时，人们误以为它是地球最南端的大陆，故在很长一段时间里称其为"澳大利亚"。

南极洲即南极所在的大陆，这才是地球上真正的南端大陆。南极洲被称为"世界第七大

洲"。南极洲是1738年至1739年由法国人布维发现的，他航海时发现了南极大陆附近的一个岛，也就是现在的布维岛。

英国人库克曾于1772年至1775年到达过南极大陆周围的许多岛屿。但是，现在一般认为南极大陆是19世纪被发现的。据说，美国人于1820年首次看见南极大陆，因该大陆处在地球的最南端南极的周围，因此被称为"南极洲"。

延 伸 阅 读

板块学说把地球分成6个板块，即太平洋、欧亚、印度洋、非洲、美洲和南极洲板块，其次还可划分成许多小板块。1987年在美国出版的《地学百科全书》中，就将地中海区域划分成9个板块，而把整个地球划分成30个板块左右。

南极很少下雪

　　地球上最高的大陆是南极大陆。就其自然表面来说，其平均海拔高度为2350米，比其他几个大陆中最高的亚洲还要高得多。但是，如果把覆盖在南极大陆上的冰盖剥离，它的平均高度仅有410米，比整个地球上陆地的平均高度要低得多。一提起南极，

我们一定会想到冰天雪地银白色的世界，同时也会产生无限的遐思，南极肯定日日飘着鹅毛大雪，特别是当你知道南极的冰雪平均厚度是2300多米，整个大陆根本见不到土地的影子时，你更会对你的猜测没有任何疑问。

其实，你是大错特错了。南极大陆一年降的雪要是化成水，只有55毫米高，不足北京降雨量的1/10。越往极点走，下雪越少，到了极点，几乎不下雪。为什么呢？因为南极实在太冷了，蒸发量很小，空气中的水蒸气当然少得可怜，世界上那些大沙漠的空气也比南极湿润。没有水蒸气就没有云，所以很少下雪。

南极之所以有那么厚

冰雪,是因为南极雪从来不化,每年都下上几厘米厚的雪,多少万年积累下来,竟然达到几千米厚。南极仅有冬、夏两季。每年4月至10月为冬季,11月至第二年3月为夏季。南极沿海地区夏季月的平均气温在0摄氏度左右,内陆地区为零下15摄氏度至零下35摄氏度;冬季沿海地区月平均气温在零下15摄氏度至零下30摄氏度,内陆地区零下40摄氏度至零下70摄氏度。

前苏联的"东方"站记录的南极最低气温为零下88.3摄氏度。南极气温随纬度与海拔的升高而下降。美国南加州大学洛杉矶分校和美国航空航天管理局等机构的一项最新研究发现,古代南极比人们以前认为的要温暖、湿润得多,沿着冰封大陆边缘,气候适合植物,尤其是一些矮树生长。

到2008年为止,已有超过20个国家在南极建立了150多个科学考察基地,根据其功能大体可分为:常年科学考察站、夏季科学考察站、无人自动观测站三类。我国南极科考站目前总共有3个,

分别是中国南极长城站、中国南极中山站和中国南极昆仑站。南极常年科学考察站有50多个，夏季科学考察站在南极洲大约有100多个，经常使用的有80个左右。

延 伸 阅 读

北半球的冷极在格陵兰岛的埃斯密脱，年平均温度为零下32.5摄氏度；而南半球的冷极在南极洲，位于南纬78度东经96分的地方，年平均气温是零下58摄氏度。以年平均温度来说，埃塞俄比亚的达洛尔是世界上的"热极"。

南极比北极冷

南极号称世界"第七大陆"，陆地储热能力不及海洋，夏季获得的有限热量很快就被辐射掉了，而且南极所环绕的海流属寒流，使气候酷寒，所以冰多。由于南极地势高，空气稀薄、不保

暖，虽有几个月全是白昼，但太阳只是在地平线上盘旋，太阳光斜射，巨大的冰原像镜子一样，几乎全部的太阳光都被它辐射掉了，因而所获热量极少，气温进一步降低，造成终年酷寒。

由于气候酷寒，南极的降水只能是以冰霰的形式降落下来，终年不化。这里的年平均降水量不过55毫米，但由于气温低，蒸发弱，逐年积累，终于形成了巨大的冰原。

南极和北极因远离太阳，只能得到一点儿阳光，而且白色的冰雪又把绝大部分阳光反射回去，因此南北两极是世界上最冷的地方。不过，南极的平均温度比北极低差不多30摄氏度。所以，南极是地球上最冷的地方，盛夏时平均气温也低至零下32摄氏度，隆冬更冷，达零下68摄氏度。而北极夏季接近零摄氏度，即使隆冬季节也只有零下36摄氏度。

那么，南极为何比北极冷呢？

一是南极与北极的地形不同。南极洲是陆地，北极则是海洋。由于陆地比热小，升温和降温都快，因此冬季的南极比冬季的北极更冷。这是造成两级温度差异的最重要原因。

二是南极接收太阳的辐射量小。南极洲纬度高，太阳辐射经过大气路径长，被大气削弱较多，到达地面的就更少了；太阳辐射散布面积大，单位面积获得太阳辐射就少了，所以平均温度较低。此外，南极圈内各地都有极夜，南极点极夜期长达半年，在此期间无任何太阳辐射照入，只有热量散失。南极洲终年被冰雪覆盖，冰雪反射太阳辐射，热量就散失得更多了。

三是南极海拔与北极不同。南极洲是高原大陆，平均海拔为2350米，是世界上平均海拔最高的大洲；而北极近2/3的面积是海洋，平均海拔仅与海平面相当，所以南极气温相对低一些。这点

也是南极比北极更冷的重要因素。

四是南极属于洋流气候。南极洲中心为极地高气压区，气流由中心流向四周，阻挡来自低纬度的暖空气进入南极大陆；另外，南极洲外围还有南极环流，该环流属于寒流，有降温、减湿作用，所以南极大陆内气温偏低。

延 伸 阅 读

南极洲腹地几乎是一片不毛之地。那里仅有的生物就是一些简单的植物和一两种昆虫。但是，海洋里却充满了生机，那里有海藻、珊瑚、海星和海绵，大海里还有许许多多叫做磷虾的微小生物。

印度为什么叫次大陆

号称"世界屋脊"的青藏高原十分开阔、高耸，使得它南面的印度半岛一带在自然地理方面成为另一番天地，人们常称之为"次大陆"。

在最早使用"次大陆"这一说法的地理学家中，却很少有人想到过这块欧亚大陆上的次大陆竟是一位远道而来的不速之客。

南亚次大陆，又称印度次大陆，是喜马拉雅山脉以南的一大片半岛形成的陆地，它是亚洲大陆的南延部分，由于受喜马拉雅山的阻隔，形成了一个相对独立的地理单元。

南亚次大陆的国家大多位于印度板块，也有一些位于南亚。在这些国家当中，印度与印度河以东的巴基斯坦、尼泊尔和不丹位于大陆的地壳之上。岛国斯里兰卡位于大陆架之上，岛国马尔代夫位于海洋地壳之上。

南亚次大陆北有喜马拉雅山和喀喇昆仑山的耸峙，南有阿拉伯海和孟加拉湾的限制，西有伊朗高原的阻隔，东有印、孟、缅边境的层峦叠嶂，自成单元的天然态势非常明显。在人文地理方面，这里长期经历着相当封闭的历史发展进程，因此具有显著的独立性。又因为南亚大陆面积比一般大陆要小，这就是"南亚次大陆"这一名称的由来。

在20世纪50年代，英国的布莱克特等人在德干高原玄武岩的微弱古地磁遗迹中进行了古代地球磁场的考察，他们确信在大约两亿年前的侏罗纪，印度次大陆位于南纬40度附近。

而恰恰在两亿多年前的漫长的寒冷岁月中，此时南北两半球的大陆冰川还覆盖在南北纬40度以上的中高纬地区。德干高原南部的古冰川之谜得到了圆满的科学解释，人们对次大陆的来历也有了清晰的认识。

原来在两亿多年以前，印度半岛、澳大利亚和非洲的南半部与南极洲是连在一起的一块古老的大陆。后来地球内部的巨大力

量撕裂了古陆，原始的印度洋就此诞生。

印度大陆从这时起开始了它北上的途程。在5000多万年前，它跨过赤道，成了北半球的成员。简而言之，在大约两亿年间，印度次大陆北上漂移了7000多千米到了今天的位置。

延 伸 阅 读

次大陆是指在一块大陆中相对独立的较小的组成部分。地理意义上的次大陆一般由山脉、沙漠、高原以及海洋等组成。在英语中，此类意义的次大陆是用来特指印度次大陆。

本初子午线诞生地

本初子午线，又叫零度经线，它是为了确定地理经度和协调时间的计量而建立的标准参考子午线。地球上有天然的零度纬线，即赤道，却没有天然的零度经线，因此，人们只能从无数的子午线中选出一条。

最初的本初子午线是各国因确定位置的需要而设置的，现在则是通过英国格林威治天文台旧址的子午线确定。然而，确定这条本初子午线经历了一个漫长的历史过程。

古希腊天文学家喜帕

恰斯创立了以经纬度表示地理位置的方法，于是他曾经长期工作的罗德岛所在的子午线，成为人类历史上的第一条本初子午线。其后，托勒密采用通过加那利群岛的子午线作为本初子午线。16世纪，随着地理大发现与新航线的开辟，许多地图学家分别以通过自己选定的某个群岛或岛屿的子午线为本初子午线，绘制了各种海图。

1634年4月，在巴黎召开了最初的国际子午线会议决定，将托勒密曾采用的通过加那利群岛的子午线作为本初子午线，但除法国以外的其他国家都主张以通过某国首都或有代表性的天文台的子午线作为本初子午线，所以这条本初子午线徒有虚名。

1767年，根据格林威治天文台提供的观测数据绘制的英国航海历出版了。这时，英国已取代西班牙和荷兰等国，成为头号海上强国。它出版的航海历自然也广为流传，并为其他国家所仿效。这意味着格林威治已开始成为许多海图和地图的本初子午线。

1850年，美国政府决定在航海中采用格林威治子午线作为本初子午线。1853年，俄国海军大臣宣布，不再使用专门为俄国制定的航海历，而代之以格林威治为本初子午线的航海历。这些决定为后来的决定打下了一个基础。从1870年起，各国的地理学家以及有关学科的科学家们开始全力为全世界的经度测定寻找一个

公认的国际起算点。然而，意见并不是一下子就能取得统一的，甚至当著名的铁路工程师弗莱明提出对世界各国来说应该有一个公共的本初子午线时，像皮阿齐这样的著名天文学家居然反问道："如果一定需要这样一个公共的原点，那为什么不选取埃及的金字塔呢？"

1883年，有人在罗马召开的第七届国际大地测量会议提到，当时90％的航海家已根据格林威治来计算经度，因而建议各国政府应采用格林威治子午线作为本初子午线。

延 伸 阅 读

经线，也称子午线，是在地面上连接两极的线，是人类为度量方便而假设出来的辅助线。地球上经过地轴的平面与地表相交而成的大圆称为经线圈，经线圈被南北两极点分成的半圆称为经线。

最大和最小的海

在广阔无垠的地球表面有70%的地表为水所覆盖，因此地球又被称为"水星球"，而这70%的水大部分为大洋，大海仅是其中的一部分。在全球的大海中，面积大小、水体深度等都各不相同，其中面积最大、水体最深的海要数位于南太平洋的珊瑚海。珊瑚海中生活着成群结队的鲨鱼，所以珊瑚海又被人们称为"鲨鱼海"。

珊瑚海的总面积相当于我国国土面积的一半，从地理位置上来看，它是南太平洋的最大的一个属海。珊瑚海的海底地形大致由西向东倾斜，最深处则达9100多米，因此，它也是世界上最深的一个海。

珊瑚海是因为其中生活着各种各样的珊瑚而得名的吗？珊瑚海地处赤道附近，因而它的水温很高，全年水温都在20摄氏度以上，最热的月份甚至超过28摄氏度。在珊瑚海的周围几乎没有河流注入，这也是珊瑚海水质污染小的原因之一，这里海水清澈透明，水下光线充足便于各种各样的珊瑚虫生存。

同时，海水盐度一般在27‰至38‰之间，这也是珊瑚虫生活的

理想环境。因此不管在海中的大陆架，还是在海边的浅滩到处有大量的珊瑚虫生殖繁衍。

久而久之，逐渐发育成众多的形状各异的珊瑚礁，这些珊瑚礁在退潮时会露出海面，形成一派热带海域所独有的绚丽奇观，"珊瑚海"便因此而得名。

马尔马拉海东西长270千米，南北宽约70千米，面积为11000平方千米，只相当于我国的4.5个太湖那么大，是世界上最小的海。

马尔马拉海位于亚洲的小亚细亚半岛和欧洲的巴尔干半岛之间，是欧亚大陆之间断层下陷而形成的内海。

马尔马拉海海岸陡峭，平均深度为180多米，最深处达1300

多米，原先的一些山峰露出水面变成了岛屿。

岛上盛产大理石，希腊语"马尔马拉"就是"大理石"的意思。海中最大的马尔马拉岛也是用大理石来命名的。

马尔马拉海东北端经博斯普鲁斯海峡通黑海，西南经达达尼尔海峡通地中海和大西洋，是欧亚两洲的天然分界线，地理位置十分重要。

延 伸 阅 读

珊瑚海因有大量珊瑚礁而得名，以大堡礁最为著名。它像城堡一样，南北绵延伸展2400千米，东西宽2千米至150千米，总面积达80000平方千米，为世界上规模最大的珊瑚体。

最咸和最淡的海

　　世界上最咸的海在哪里呢？在亚洲西部阿拉伯半岛西侧与非洲大陆之间有一片狭长的海域叫红海，它就是世界上最咸的海。红海的每1000克海水中含盐量为40多克，它的北部达至45.8克，算是世界上含盐量最高的海域了。由于海水含盐量太高了，漂浮能力很强，人躺在水面上是不容易沉底的。

　　红海的长度是2000多千米，比北京至广州的距离还要长呢。

最大宽度是300千米，最大水深为3000米。南部进水口是同印度洋相连的曼德海峡，北端经苏伊士运河、地中海同大西洋连通，是世界上重要的国际航道。

红海是因为海水是红色的而得名的吗？通常情况下，红海的海水是蓝绿色的，进入夏季水温升高，有一种红色的束毛藻大量繁殖，海水便转变为红褐色，所以叫"红海"。

又咸又涩的海水不能饮用。可是，从波罗的海中舀起来的水几乎尝不到咸味。波罗的海就在欧洲大陆与斯堪的那维亚半岛之间，从北纬54度起向东北延伸至北极圈附近，面积为42万平方千米，相当于我国渤海的5倍。

　　波罗的海的海水含盐度只有7‰至8‰，大大低于全世界海水的平均含盐度，即35‰，各个海湾的海水含盐度更低，只有2‰左右。

　　波罗的海的海水为什么这么淡呢？这是因为它形成的时间还不是很长，这里在冰河时期结束时还是一片被冰水淹没的汪洋。后来大水向北极退去，最低洼的谷地形成了大海，水质本来就比较好。

　　除此以外，还因为它处于高纬度地区，气温低，海水蒸发量很小。这里又受西风带影响，雨水较多。四周和许多大小河道相连，大量淡水源源不断地流入海中。大西洋和波罗的海的通道又浅又

窄，盐度高的海水不易进来。因此，波罗的海的海水是淡的。

波罗的海的海岸线十分曲折，海中岛屿林立。波罗的海的平均深度只有86米，又淡又浅的海水容易结冰。北部和东部海域每年有一段不利于航运的冰封期。另外，鲱鱼、鳕鱼、鲽鱼是这里的特产。

延 伸 阅 读

咸海是一个位于中亚的内流咸水湖，为世界第四大水体。咸海曾经是世界上最大的内陆湖之一。由于前苏联人将大量的咸海海水用于农业灌溉项目，进入20世纪后半叶，咸海开始呈现戏剧性的快速萎缩。

最大的淡水湖群

淡水湖是指以淡水形式积存在地表上的湖泊，有封闭式和开放式两种。封闭式的淡水湖大多位于高山或内陆区域，没有明显的河川流入和流出。开放式的则可能相当大，湖中有岛屿，并有多条河川流入、流出。

　　淡水湖一般是外流湖，因为水源可以更新、补充，淡水湖的水盐分很低。

　　我国四大淡水湖有巢湖、洞庭湖、鄱阳湖、太湖。

　　在北美大陆的美国和加拿大之间有5个大湖，它们像亲兄弟一样手拉手连在一起，构成五大湖区。

　　"五兄弟"按面积排行：老大是苏必利尔湖，老二是休伦湖，老三是密歇根湖，老四是伊利湖，最小的弟弟是安大略湖。其中，除密歇根湖为美国独有以外，其他都是美国、加拿大两国共有。

　　五大湖是世界上最大的淡水湖群，因此人们用"淡水的海洋""北美大陆的地中海"来形容它们的水量之大。

五大湖总面积达24.5万平方千米，约相当于一个英国的面积。五大湖的总蓄水量相当于波斯湾水量的2.5倍。"苏必利尔"的意思就是"较大的"，它占五大湖总蓄水量的一半以上，最深处达406米，是世界上最大的淡水湖。

五大湖"水平"不一，苏必利尔湖比休伦湖高7米，因此苏必利尔湖的水通过苏圣马里河滚滚流向休伦湖。而伊利湖的湖面比安大略湖高了将近100米，因此在连接这两个湖的尼亚加拉河上形成了世界上著名的瀑布——尼亚加拉大瀑布。安大略湖的湖水最后经圣劳伦斯河流入大西洋。

五大湖区气候温和，航运便利，矿藏丰富，是北美的经济发达地区之一。沿岸有芝加哥、克里夫兰、多伦多、布法罗等重要的工业城市。美国和加拿大在沿湖地区开辟了许多国家公园，每年有大量游客来此游览、度假。

苏必利尔湖东西长616千米，有近200条河流注入湖中。此湖

水质清澈，湖面多风浪，湖区冬寒夏凉。季节性渔猎和旅游为当地娱乐业的主要项目，湖区蕴藏多种矿物，有很多天然港湾和人工港口，主要港口有加拿大的桑德贝和美国的塔科尼特等，全年通航期为8个月。该湖于1622年被法国探险家发现。

延 伸 阅 读

　　贝加尔湖是亚欧大陆上最大的淡水湖，也是世界上最深和蓄水量最大的湖，最深处达1620米。总蓄水量相当于北美洲五大湖蓄水量的总和，约占全球淡水湖总蓄水量的1/5。

各种各样的怪湖

三色湖位于印度尼西亚佛罗勒斯岛上的克穆图火山山巅，周围群山环抱，重峦叠嶂。银白色的瀑布从陡峭的山崖直泻而下，蜿蜒曲折的河川小溪在深山幽谷里潺潺作响。

三色湖是由3种不同颜色的火山湖所组成。它们彼此相邻，但湖水颜色各异。其中较大的火山湖，湖水呈鲜红色；与它相邻的一个火山湖，湖水呈乳白色；还有一个湖的湖水呈浅蓝色。每当

中午时分，这3个湖的湖面上轻雾缭绕，好似笼罩着层层薄纱，格外迷人。一到下午，整个湖面上却是乌云密布，加上从三色湖随风吹来的阵阵刺鼻的硫黄气味，令人感到仿佛置身于另一个世界。

甘咸湖，原名藏巴湖，位于印度斋浦尔，面积约达200平方千米。一年中湖水有时甜，有时咸，即在每年10月至第二年5月的8个月内，湖水含盐量极高，6月至9月的4个月内，盐分全部消失，略带甜味的湖水可直接饮用。这段时间正值本地区的雨季，过量的雨水常常造成湖水泛滥。雨季过后，藏巴湖又恢复了极高的含盐量，变成了咸水湖。

在希腊爱琴海中有一个奇妙的"肥皂岛"，岛上居民用不着买肥皂，衣服脏了，随手挖一块泥土就能当肥皂用，真是妙极了。世界上的事往往无独有偶。在俄罗斯乌拉尔市也有一个肥皂湖，那里的居民衣服脏了，用湖水搓洗几下就干净，连衣服上的油渍都能洗掉。

延 伸 阅 读

位于巴伦支海中的一个湖有5层不同的水：第一层是淡水，生存着淡水鱼；第二层是含微量盐的水，有水母和节肢动物；第三层是咸海水，生存有小的海鱼等；第四层呈红色，内有紫细菌；第五层水里有硫化氢。

盐湖可以跑车

察尔汗盐湖位于柴达木盆地，从青海省格尔木市区出发，不用一小时就能到达。这里曾经是一个水域辽阔的大湖，后来气候干燥，湖面缩小，湖水含盐量增高，成了盐湖。

察尔汗盐湖是我国最大的盐湖，距格尔木市60多千米，青藏公路横穿此湖的32千米的路面全用盐铺成，被称为"万丈盐

桥"。原来的湖区成了干盐滩。残留下来的小湖的湖面上也结了一层厚厚的盐盖，就像冬天湖面上结的冰。盐湖是咸水湖的一种，是干旱地区含盐度很高的湖泊。盐湖是湖泊发展到老年期的产物，它富集着多种盐类，是重要的矿产资源。放眼望去，整个湖面白茫茫一片，就像终年的积雪。所谓"万丈盐桥"，指的就是利用这种盐盖所修的公路。

青藏公路有31千米的路段是修在察尔汗盐湖上的。事实上，青藏铁路有32千米的钢轨也架设在察尔汗盐湖上。所以，来此观光你就能看到火车和汽车在湖面上飞奔的壮美景观。

几十厘米厚的盐盖能承受得住满载货物的汽车和拖挂几十节

车厢的火车的巨大压力吗？其实，盐盖每平方厘米的面积上可以承受16千克的重压。换句话说，这种厚度的盐盖所能承受的压强大约为1600千帕斯卡，完全承受得了汽车和火车的辗轧。而且盐盖上的公路路面或铁路路基一旦受到损坏，修补起来非常简单。只要在路边的盐盖上打个洞，舀出湖水浇在破损的地方，水一干，水中析出来的盐就会把坑洼处补平，既平坦又光滑。

青海的盐湖主要分布在柴达木盆地，湖中含有近万种矿物和40余种化学成分的卤水，是我国无机盐工业的重要宝库。盐类形状十分奇特，有的像璀璨夺目的珍珠，有的像盛开的花朵，因此才有"珍珠盐""蘑菇盐"等许多美丽动人的名称。

茶卡盐湖的储盐量达4.4亿多吨，已有3000多年的开采史。游客在此既可观赏盐湖风光，又可参观机械化采盐作业，通向湖心区的小火车是深受游客欢迎的乘载工具。

延 伸 阅 读

风成湖是因沙漠中沙丘间的洼地低于潜水面，由四周沙丘汇渗流集洼地而形成的。这类风成湖泊都是些不流动的死水湖，而且面积小，常是冬春积水，夏季干涸或成为草地。风成湖由于其变幻莫测常被称为神出鬼没的湖泊。

不冻湖不冻之谜

　　不冻湖是指湖水温度较高，没有结冰现象的湖泊。在我国主要分布于北纬28度以南地区。如滇池1月水温为9摄氏度，洱海为10.2摄氏度，历年最低水温分别为7.6摄氏度和2.3摄氏度，湖水从不结冰。

从南极的范达湖往西10千米的地方有一个小小的湖泊。这个小湖在零下50摄氏度的时候，都不会结冰，人们管它叫"汤潘湖"。汤潘湖很小，直径也只有数百米，而且湖水也很浅，只有0.3米。汤潘湖的湖水含盐度比较高，如果把一杯湖水泼到地上，眨眼之间就会出现一层薄薄的盐。

科学家们经过观察发现，汤潘湖就是到了零下57摄氏度的时候也不会结冰，所以人们都管它叫做"不冻之湖"。

南极位于地球的最南端，那里一年四季白雪皑皑，冰山林立，是一个人迹罕至的冰雪世界。南极1400万平方千米的土地几乎完全被几百米至几千米厚的坚冰覆盖。零下50摄氏度至60摄氏度的严寒，使这里一切都失去了活力。石油在这里像沥青似的凝固成黑色的固体，煤油在这里由于达不到燃烧点而变成了非燃物。

1960年，日本学者鸟居铁分析测量资料后发现，汤潘湖表面薄冰层下的水温为0摄氏度左右。随着深度的增加，水温不断增高。16米深处，水温升至7.7摄氏度。这个温度一直稳定地保持到40米深处。在40米以下，水温缓慢升高。至50米深处，水温升高的幅度突然加剧。那么，这个湖为什么不结冰呢？

科学家提出这是气压和温度在特殊条件下交织在一起的结果。在3000多米的冰层下，压力可达到278个大气压。在这样强大的压力下，大地所放出的热量比普通状态下所放出的热量多，而且冰在零下2摄氏度左右就会融化。

位于北京密云司马台长城的峡谷中滴水成冰，河流封冻。可

是人们在这条峡谷中惊奇地发现了一个不结冰的湖泊，当地人称这个湖为"不冻湖"。据当地人介绍，原来司马台长城的峡谷中深藏着两个奇异的泉，东侧的叫冷泉，即使是炎热的夏季，也冰冷刺骨；西侧是温泉，水温长年保持在35摄氏度。两眼泉水流汇成一湖，就形成了不冻湖，也叫做鸳鸯湖。

延 伸 阅 读

很多科学家推测南极不冻湖是外星人在南极建立的秘密基地，甚至还有一些科学家认为，在南极的冰层下极有可能存在着一个由外星人所建造的秘密基地，是他们在活动场所散发的热能将这里的冰融化了。

恐怖的罗布泊

罗布泊位于我国新疆塔里木盆地东部，这是一个充满神秘氛围的地方。它被人们称为"死亡之海"，因为这里非但不孕育生命，不欢迎生命，而且还无情地扼杀生命。

20世纪80年代，我国著名科学家彭加木在罗布泊失踪，至今杳无音信，成为世纪之谜。一些真真假假的传闻不断传到我们

耳边，"罗布泊常有飞碟出没，彭加木可能就是被外星人劫走的。" "罗布泊磁场磁力特别强，许多仪器都在那里失灵，人一进去就头脑发晕，不知东南西北。"

这些是耸人听闻的谣言，还是对罗布泊的真实披露呢？

1980年初夏，我国的一支科学考察队从敦煌出发，穿过茫茫的噶顺戈壁，进入罗布泊地区。

有一天，考察队的车队在戈壁滩中艰难地行走着。突然，前方不远处有一股巨大的沙暴急速地朝车队滚来。转眼的工夫，大风席卷着满天沙石呼啸而至，刚刚还是晴朗的天空，霎时间一片黑暗。10米之外，人影模糊，前后的车辆一下子消失得无影无踪。沙石敲击着车身，发出"叮当"的响声。真是"一川碎石大如斗，随风满地石乱走"。

一到夏天，罗布泊的气温就升高至50摄氏度左右，地表温度甚至高达70摄氏度，地面滚烫，难以涉足。这里的年降水量不足1毫米，不少地方终年无雨，但蒸发量却高达3米以上。因此，尽管这里炎热异常，却不会汗流如注。因为汗水刚刚渗出，就被蒸发殆尽。考察队员的衣服被汗水中的盐分和沙尘弄成硬邦邦的铠甲。为此，干涸的罗布泊盆地几乎不存在任何动植物。

20世纪50年代后期，中国科学院新疆综合考察队对罗布泊地区做了实地考察之后，第一次做出了"罗布泊并非迁移湖或交替湖"的结论。由于罗布泊的湖水受层层自然湖堤的包围，并受内部新构造活动的控制，因此水体不可能任意游荡。

1980年，我国的科学考

察队又两度穿越罗布泊湖盆，对那里的地貌和古水系做了详细的考察。科学考察队对湖盆的地形做了精密的测量，并通过钻探采集了大量水样和地层岩心，再次证实罗布泊不是普通的迁移湖。

延 伸 阅 读

罗布泊因地处塔里木盆地东部的古"丝绸之路"要冲而著称于世，其水源是塔里木河，或因塔里木河流量减少，周围沙漠化严重，在20世纪中后期迅速退化，直至20世纪70年代末完全干涸。此后，罗布泊成了寸草不生的地方。

火湖上面的火焰

在拉丁美洲西部印度群岛的巴哈马岛上有一个奇妙的火湖，湖水闪闪发光，就像燃烧的火焰一样。夜间船只在湖上行驶，船桨会激起万点火光，船周围也会飞起美丽的火花。有时，鱼儿跃出水面，也带着火星。

为什么火湖会发出灿烂的火光，却又不会灼伤游水者和湖里

的鱼群呢？其实，这些火光和火花都不是火，而是湖中大量繁殖的一种海洋生物甲藻在作怪，这湖里的火光都是这些海洋生物发出来的一种冷光。

火湖位于靠近北回归线的温、热带交界处，气候温暖，湖水又与海水沟通，因此繁殖了大量的海洋发光生物，即甲藻。

甲藻是一种只有几微米大小的单细胞微生物，体内含有较多的荧光酵素，当它在水中受到扰动刺激时就会发光。所以，当船桨划动，鱼儿畅游时，就会发生氧化作用，而产生五光十色的火光。

巴哈马岛上的火湖是一种假象的火湖。世界上还有真正的火湖，这就是火山岩浆形成的熔岩湖。

最著名的熔岩湖位于太平洋上夏威夷岛的基拉韦厄火山。基拉韦厄火山是夏威夷3座活火山中最小的一座，海拔约1300米，火山口直径约有5000米，深1000多米，就像一口大锅。

在这口"大锅"里，有3个呈串珠状排列的杯形洼地，里面经常翻滚着炽热的岩浆，于是就形成了熔岩湖。湖里的岩浆时而涌起，时而下降，深度经常发生变化。

每当火山活动强烈时，便有大量的岩浆像喷泉似的喷上天空。有时岩浆还从湖口外溢，流向四方，形成熔岩河、熔岩瀑布等奇景。

熔岩湖能长期保持炽热状态，就是因为地底有源源不断的岩浆。如果在夜晚登上基拉韦厄山顶，俯视下面的熔岩湖，就会看见整个湖面就像一个发光的网，上面点缀着辉煌的灯光，随着网的起伏晃动，火花此起彼落，令人目眩。

这是因为虽然熔岩的表面冷却后结了一层硬壳，但壳下的岩浆却又不断沿着一些裂缝涌出，并发出了火光。据测定，熔岩湖中的岩浆温度达1000摄氏度至1200摄氏度。

延 伸 阅 读

沸腾湖位于多米尼克南部火山区，湖内有一圆形喷孔，喷发的时候山谷轰鸣，大地震动。由于该湖隐藏在火山区的山谷中，当湖水满时，便有热气腾腾的水汽从湖底喷发出来，整个湖面沸沸扬扬，犹如一锅烧开了的水。

会变色的五彩湖

在四川省西北部的岷山绵亘千里的雪山和森林之间，镶嵌着许多秀丽的明珠。有的湖泊湖水泛映出红、橙、黄、绿、蓝等5种色彩，十分绚丽，仿佛是个童话世界。这就是五彩湖。

岷山北坡南坪的九寨沟两边雪山和原始森林夹峙着，那雪水汇

成的清溪顺着台阶般的沟层流泻，时而奔腾飞溅，时而汩汩流淌，把九寨沟108处断崖洼地连成了一长串彩色明珠和一道道瀑布。

108个湖泊有大有小，最大的长7000米，宽300米。湖水都很清澈，雪峰和翠林的倒影交相掩映。大小游鱼历历可数。两岸树林下，奇花异草繁茂，殷红的山槐，姹紫的山杏，微黄的椴叶，深橙的黄栌，把湖面辉映得五彩缤纷。

为什么湖泊会多彩而变色呢？原来，阳光透过林梢洒向湖面，湖水明澈如镜，倒映出林梢的绚丽色彩。加上湖底的石灰岩层次高低不同，有深有浅，本身颜色有别，再加上水里的水藻。反射上来就形成了极为丰富的色彩。

岷山南坡松潘黄龙寺风景区的五彩湖就更奇特了。从山腰到

山麓，有一条长7000多米的岩沟。溪水沿着山坡蜿蜒而下，在阳光的映照下，仿佛一条金黄色的彩带在漂动，两端都有成串的明珠般的五彩湖。

五彩湖中的湖床是乳色和米黄色的石灰岩，宛如精美、玲珑的玉石雕刻。它们形状千姿百态，有的像葫芦，有的像壶、盆；有的像钟、鼎，有的像莲瓣、菱角。

水色五彩纷呈，滢红、漾绿、泼墨、拖黄，艳丽如锦。人们用手捧水，湖水又变得无色而透明了。

水里有多种矿物质，表面张力大，把铝币投进湖水，它会几经浮旋久久不沉。

印度尼西亚努沙登加拉群岛中的一个小岛佛罗勒所也有个类

似的五彩湖，这个湖泊被重叠的群山包围。湖水的一边泛映着鲜红血液似的色泽，中间的湖水相衬出深绿色，而另一边湖水又是另一种草绿的色泽，十分迷人。

延 伸 阅 读

印度尼西亚的佛费勒斯岛上有一个湖泊，左边为深红色，右边为碧绿色，后边为青色，各色宽约200米。一湖为何有三色？多年来科学家一直在寻找其形成原因，但至今仍是个谜。

长江能否成为第二条黄河

　　长江能否变成第二条黄河？要回答这个问题，还得从黄河是怎样变黄的谈起。黄河和长江一样，同是我们炎黄子孙的母亲河。黄河在中华民族的发展史中所起的作用甚至比长江还大。

　　黄河和长江都发源于青藏高原，源头最近处相距不足1000米。可是，为什么其中的一条却过早地衰老变黄了呢？这主要是由于它们选择了不同的流经路线的缘故。

　　黄河走的是北线。从源头流经扎陵湖、鄂陵湖地区时，由于基岩裸露，河水是清澈透明的。但从鄂陵湖以下约20千米处开始，进入泥泞之路，河水浑浊泛黄。这一带属黄土高原区，密布众多支流，气候多变，经常有雨雪风暴袭击，引起山洪暴发。加上人类在此开发较早，植被破坏严重，造成水土严重流失。因此，这条大河才变成一条地地道道的黄河。它携带的泥沙在中下游淤积，河床被抬高，成为具有独特景观的地上河。千古黄河由此而生。

　　黄河是世界上含沙量最大的一条大河。据估测，黄河每年输往下游的泥沙约16亿吨，占全国外流河总输沙量的60％。如果把这些泥沙用载重4000千克的卡车运送，每天装载110万车次，也要一年才能运完。由此可见，黄河含沙量之大确实惊人。

黄河中游流经黄土高原地区，这里覆盖着厚厚的一层黄土，而且土质疏松，连同它下面的疏松的红土层厚度都在100米以上。由于缺乏草木的庇护，所以一到雨季，由于大量雨水的冲刷，许多泥沙就会随雨水进入黄河，使河水变成滚滚泥流，成为世界上著名的泥河。

长江选择的是南线。长江上游的水土流失区仅有36万平方千米，主要集中在四川盆地。比较集中的地区只有十多万平方千米，其中除去耕地面积，所剩下的水土流失面积同黄土高原那样有40万平方千米的范围相比，已不算很大。

可见，长江上游没有像黄河上游那样产生大规模水土流失的

自然环境。

　　虽然从20世纪60年代以来，长江流域的水土流失有加剧的趋势。但可以预见，长江内含沙量不会有很大的变化，所以长江不太可能变成第二条黄河。

延 伸 阅 读

　　长江全长6397千米，是世界第三长河，仅次于非洲的尼罗河与南美洲的亚马孙河，水量也是世界第三。总面积180.85万平方千米，约占全国土地总面积的1/5，和黄河一起并称为"母亲河"。

黄河的水为何是黄色的

　　在很多年以前，黄河的水并不黄，它的名字也不叫黄河，叫做大河。根据史料记载，在唐代的时候，人们发现大河的水渐渐变成了黄色，因此改称其为黄河。那时的人们或许并未想到，黄河的名字就这样延续至现在。

　　黄河的发源地位于青海省巴颜喀拉山的北麓，途经9个省区，

全长为5400多千米，是世界上的长河之一。

黄河是中华民族的摇篮，几千年以前，人们开始在这繁衍生息，因此被称为母亲河。如果你来到黄河边，一定禁不住会问："黄河的水怎么会是黄色的呢？"

原来，黄河是一条含沙量最大的河。特别是中游地区下段，平均每立方米的河水含沙量约37千克，暴雨过后，每立方米河水的含沙量高达600千克。

其实，在黄河源头，水还是清澈的。到了黄河中游，它要穿越黄土高原。这黄土高原呀，土质又松又厚，厚达数十米，每到下雨时，雨水冲刷黄土层，夹着泥沙入黄河。在下游，由于地势平坦，水流缓慢，大量泥沙在河床上沉积下来，越堆积越厚，使

河床不断抬高,人们必须年年加高河堤,防止河水泛滥,致使黄河成为名副其实的"地上河"。

其实在很多年以前的黄土高原也并非目前的这个模样。那里曾经有着茂密的森林以及水草丰美的草原,生存着各种各样的动物。

可是,因为人们长期以来对于森林的破坏,使得很多的草原与林地变为荒漠,结果很厚很厚的黄土全都裸露了出来。再加上黄土是十分疏松的,经过雨水以及河水的长期冲刷,泥沙被流水携带着流进了黄河,结果把黄河的水染黄了。现在,假如舀一碗黄河的水,就能沉淀出半碗泥沙来,因此民间有"一碗黄水半碗沙"的说法。

　　为了保护我们的母亲河，使黄河的水变清，最重要的一条是在黄河中上游的广大黄土地区种树、种草，让树根、草根抓住泥土，不让雨水把泥土带入河里。只要我们长期坚持植树、种草、保护环境，黄河的水是有可能变清的。

延　伸　阅　读

　　黄河是世界上所有河流中含沙量最大、输沙量最多的河流。它流经的黄土高原面积为40万平方千米，海拔1500米至2000米。如果把我国其他地区的黄土加起来，那么我国黄土的总覆盖面积达63万平方千米，约占全国耕地面积的6.3%。

能够治疗不孕的子母河

　　额尔齐斯河的神奇之处在于它能促进人畜生育。鸡、鸭、鹅如果不会产蛋，或者产蛋量少，喝了这条河的水就能多产蛋。长期不孕的妇女坚持饮用这里的水，过一段时间以后就能够怀孕生育。

　　20世纪50年代初期，新疆可可托海矿区有不少前苏联专家。他们在前苏联生活时，有好几个人的妻子长期不育，到这里生活

几年后，都有了孩子。

20世纪60年代初期，新疆可可托海矿区一名炊事员婚后20年没有孩子。他把妻子接到矿区后开始饮用额尔齐斯河的水，不到两年时间，他妻子就生了一对龙凤胎，两人十分高兴。

在神话小说《西游记》中曾有过关于子母河的描述，没想到在现实生活中还真有如此神奇的河。这真是太不可思议了！

那么，额尔齐斯河中上游的河水为何这般神奇呢？

原来，这条河中上游属于高山严寒地区，雪水是额尔齐斯河的重要水源，雪水中很少含有重氢。

从医学上讲，重氢对妇女生育有改变作用，所以，常饮高山雪水有利于妇女生育机能的恢复。

这就是神奇河水的奥秘所在。

额尔齐斯河河谷宽广，水势浩荡，年径流量多达119亿立方米，水量仅次于伊犁河，居新疆维吾尔自治区第二位。

河谷次生林和河漫滩草甸宛若一条绿色的飘带镶嵌在荒漠戈壁上，别具一番情趣。其中，北屯河段的河谷次生林最为茂密，绵延成一片绿色海洋，素有"杨树基因库"之美称。额尔齐斯河沿岸风光秀美，又因"金山"而有"银水"之美称。

额尔齐斯河是一条跨国河流，发源于我国新疆维吾尔自治区富蕴县阿尔泰山南坡，沿阿尔泰山南麓向西北流，在哈巴河县以西进入哈萨克斯坦，注入斋桑泊，是我国唯一流入北冰洋的河

流。额尔齐斯河上游主要靠融雪、融冰和降水补给，下游主要来源于融雪、降水和壤中水。上游汛期始于4月，大汛多在6月；下游汛期为5月末至10月，6月最大，约占全年的50%。

延 伸 阅 读

子母河在《西游记》中曾提到过，《西游记》中提到西凉女国没有男子，女子成年后就可以去取子母河水喝，喝过即可怀孕。唐僧和八戒不知就里，误吃了子母河水，最后还是悟空去解阳山取了落胎泉水，才渡过此难。

河流的形成

　　河流通常是指陆地河流，由一定区域的内地表水和地下水补给，经常或间歇地沿着狭长的凹地流动的水流。河流一般是以高山地方作为源头，然后沿地势向下流，一直流入湖泊或海洋。河流是地球上水文循环的重要路径，是泥沙、盐类和化学元素等进入湖泊、海洋的通道。

　　河流对我们每个人来说都不陌生，可是你知道它是怎样形成的吗？有些河流发展于高山泉水，有些是山区所降雨雪长年积累

形成。这些泉水、雨水或雪水顺着山势向低洼处流去形成一条条小溪，这些小溪又欢快不停地汇合到同一水道形成了河流。在河水不停流泻的途中，许多溪流加入到水流中，使水量越来越大，河面越来越宽，一条大河就产生了，它不停地流入海洋。

河水奔流时可以改变地势，冲走土壤，挖出深谷。喜马拉雅山的喀利根德格河是世界上最深的河谷之一，深达5500米。

我国多数河流，特别是东部季风区的河流，补给水源主要靠雨水。降水地区分布由东南向西北递减，我国的河网密度因受到降水的影响也由东南向西北减少。

西部干旱地区内流河的补给水源主要靠永久冰雪融水，气温高低直接影响到径流量的大小。

北方河流的补给水源中有季节性冰雪融水，河流一般有春汛。河流冰封时间的长短也由气温决定，在由低纬向高纬流向的河段，由于气温的变化，还会出现凌汛。凌汛，俗称冰排，是冰凌对水流产生阻力而引起的江河水位明显上涨的水文现象。

青藏高原是我国地势最高的地区，由这里向东、南、北方向降低，因此河流分属于太平洋、印度洋及北冰洋三大水系，其中太平洋水系的面积最大。我国地势西高东低，分为3个阶梯，在阶梯上及分界线处成为河流发源地带。如发源于青藏高原的有长江、黄河、澜沧江、怒江等，发源于第二阶梯东的有黑龙江、辽

河、海河、滦河、西江等，发源于第三阶梯的长白山地、山东丘陵等地的有松花江、鸭绿江、图们江等。当河流流经阶梯分界线时，形成落差，水力资源丰富。

延 伸 阅 读

尼罗河是世界上最长的河流，可是平均流量只有每秒2000立方米，主要是尼罗河干流的支流较少，一路上河水因灌溉、蒸发减少了。亚马孙河流是世界上流量最大的河流，全长6480米，瀑布飞泻而下，令人惊心动魄。

地球上形形色色的河

　　在哥伦比亚东部的普莱斯火山地区有一条雷欧维拉力河，全长580多千米。因为河水中约含8％的硫酸和10%的盐酸，成了名副其实的酸河，河水中无鱼虾及水生植物。

　　这条河河水不仅味酸，而且刺激性强。经探测证明，河床中有不计其数的又深又长的穴道直通火山区。河水的酸性可能是火山爆发时排出的燃烧物和硫酸、盐酸等物质，经由河床穴道渗入河中所致。

　　在希腊半岛北部有一条奥尔马河，河水甘甜，某些地段其甜度甚至可与甘蔗汁相媲美。地质学家认为，甜河的形成是因为河床的土层中含有很浓的原糖晶体的缘故。尽管如此，当地人却不敢把它当糖水喝。

　　印度孟买北部有一条河，河水之苦赛过黄连，所以人们称之为苦河。究其原因，是河床深处的"苦石"结构所致。也正因为河水苦，各制药厂争先恐后地争夺河水，造成水位急剧下降。

　　香河位于西非的安哥拉境内，原名勒尼达河。它仅长6000米，河水香味浓郁，百里之外也能闻到扑鼻的奇香。据说，香河之所以香有两个原因：一是河底生有很多能在水中开的花，花的香味散发出来溶于水中；二是河底的泥沙含有香味。但是真正的原因人们还没有搞清楚。

　　位于西班牙境内的延托河，河的上游流经一个含有绿色原料的矿区，河水呈绿色。往下有几条支流经过一个含硫化铁的地区，水变成翠绿色。流入谷地后，一种野生植物又把它染成棕色和玫瑰色。再往下流经一处沙地，河水又变成了红色。该河也被称为变色河。

　　在阿尔及利亚有一条被称为墨水河的河流。这条河由两条含有墨水原料成分的小河汇集而成。汇合后的河水含墨成分更大，简直成了天然的高级墨汁。人们在这里可以用这不花钱的墨水写字作画。据说，第二次世界大战期间，英国军队曾取这条河中的水当墨水用。

　　希腊有条奇特的阿瓦尔河，河水每昼夜4次改变流向：6小时流向大海，接着6小时又从海里倒流回来，再接着6小时又流向大海……如此往复，天天如此，年复一年。科学家认为，这是因为受到爱琴海潮汐的影响。

延 伸 阅 读

　　云南省元阳县马街乡老丙寨子脚有一条小河，河中的水被称为龙漂水，河水清澈晶莹。更奇特的是，用这里的水煮饭，松软可口。在那儿常常可见附近的傣族人民手提锅，到那儿品尝"粉红米饭"。

间歇泉的形成

在中国的西藏雅鲁藏布江上游，有一种神奇的泉水，即间歇泉。间歇泉它在一系列短促的停歇和喷发之后，随着一阵震人心魄的巨大响声，高温水汽突然冲出泉口，即刻扩展成直径2米以上、高达20米左右的水柱，柱顶的蒸汽团继续翻滚腾跃，直冲蓝天。

那么，间歇泉这种神秘莫测的现象，又是怎样产生的呢？

与一般泉水不同，间歇泉是一种热水泉。它是在喷了一阵泉水，然后好像是憋足一口气似的稍停一阵，再猛然地涌出一股泉水来。

它的喷发间隔是几分钟或几十分钟，之后就自动停止。隔一段时间才再次喷发。间歇泉之名，就是因它这种喷喷停停、停停喷喷而得名。

无独有偶，在冰岛首都雷克雅未克附近，一片著名的间歇泉中，也有一眼举世闻名的、名叫"盖策"的间歇泉。

但是，"盖策"泉喷发的间歇期，只能维持一小段时间。不久，池口清水翻滚暴怒，池下传出类似开锅时的灌得满满的圆池，里面的热水沿着水池的一个缺口缓缓流出呼噜声。随着这种呼噜声，而有一条冲天而起的在蔚蓝色的天幕上飘洒着滚热的红雨的水柱，这条水柱最高竟可达70米。

科学家虽已揭开了间歇泉的神秘面纱，但人们仍为它雄伟而瑰丽的喷发景观所倾倒。间歇泉的形成，除了要具备形成一般泉水所需的条件。科学家经过考察指出，适宜的地质构造和充足的

地下水源是形成间歇泉最根本的因素。

在充足的地下水源和适宜的地质构造等以外，还要有一些特殊的条件：

第一，间歇泉必须具有能源。地壳运动比较活跃地区的炽热的岩浆活动，是间歇泉的能源。但它只能位于地表稍浅的地区。上面提到的几个地方，都是这种类型的地区。

第二，要有一套复杂的供水系统。有人把它比作"地下的天然锅炉"。在这个天然锅炉里，要有一条深深的泉水通道。地下水在通道最下部，被炽热的岩浆烤热，却又受到通道上部高压水柱的压力，不能自由翻滚沸腾。狭窄的通道也限制了泉水上下的对流。

这样，通道下面的水就不断的被加热，不断地积蓄力量，直至水柱底部的蒸气压力，超过水柱上部的压力的时候，地下高

温、高压的热水和热气，就把通道中的水全部顶出地表，造成强大的喷发。喷发以后，随着水温下降，压力减低，喷发就会暂时停止，又积蓄力量准备下一次新的喷发。

延 伸 阅 读

　　湖北省咸宁市九宫山景区中有一个叫"三潮泉"的间歇泉，泉水一日涌流三潮，涌潮时，泉水奔涌而出，哗哗呼吼，白浪翻滚，如珍珠奔涌，历时30分钟至40分钟左右，潮过后寂静断流，流百年来日日如此。

被称为椰岛的海南岛

海南岛之所以被称为"椰岛"，是因为我国其他热带地区虽然也有椰树，但数量很少，唯独海南的椰树四季结果，并且果汁、果肉特别清甜。其椰子的产量占全国总产量的99%以上。

在海南岛，处处可见高大挺拔的椰树，在不同的时刻、不同的地点呈现着不同的韵味。它们是海南四大热带作物之一。

椰树浑身是宝。椰子的汁、肉可以加工成多种多样的食品

和饮料，成为海南省享誉世界的拳头产品。椰子的根、壳均可入药，椰油可制成高级化妆品。椰子壳还可以制成各种工艺品，海南的椰雕工艺源远流长，精湛奇巧，在古代被誉为"南天贡品"。

椰树在海南省历史久远，已经有2000多年的历史。关于椰树的传说众多。一种讲法是：椰树是一黎族先民首领越王变成的，果实椰子便是"越王头"。

另一种传说是一位年轻的女子在海边引颈翘望丈夫回家的帆船，时间长了而化为椰树。椰树斑斓的叶子是她头上的凉帽。

另有更多的传说，使椰树的内涵格外丰富。椰树的起源较为科学的解释是：椰子原产马来群岛。在古代，不需要土，不需要水，到时间自会发芽的椰果落在海中，漂到海南，扎根宝岛，终

成奇观。

千百年来，海南省形成了不少与椰树有关的习俗，椰树是海南人民的吉祥物。在文昌市一带，许多人订婚、结婚、生儿以及其他喜庆大事总要栽椰树作为纪念。许多人认为，椰子吸纳太阳的精华，晴天里上午10时至12时采摘的鲜椰汁水最甘美。

椰子装扮了海南，塑造了海南人，形成了最具海南特色的地方文化。学者称之为"椰文化"，并指出：椰树是海南的象征，椰树的品格是海南人民的品格。这是海南椰文化最深层的内涵。

海南的树以三种最为著名：男人树、女人树、人妖树。其中，挺拔、高傲的椰树又叫"男人树"；婆娑秀丽的槟榔树则被誉为"女人树"；而既像椰树又有点儿像槟榔树的"杂种树"则被称为"人妖树"。海南另有"天然温室""热带果园""四季

花园"的美称，还出产非常多的菠萝、芒果、荔枝、龙眼、香蕉、红毛丹、鸡蛋果、人心果、水蒲桃、火龙果、百香果、山竹等热带水果，更有从外洋引进的上千种珍奇的热带植物，如榴莲、铁力木、金鸡纳、香荚兰、香茅草等。

延 伸 阅 读

海南岛是可贵的未受污染的净土，人称海南岛是"没有污染的长寿岛"。地球上与海南岛处同一纬度的区域多是沙漠。海南岛作为相对于独立的地理单位，因为热带季风带来充沛的雨水，被誉为"绿色宝珠"。

有企鹅的科隆群岛

科隆群岛位于太平洋东部的赤道上，它是由7个大岛、100多个小岛组成的，面积约7500平方千米。现在是厄瓜多尔共和国的一个省。

科隆群岛是一个火山岛，岛上多高山峻岭，许多地方怪石嶙峋，因此当初发现这个岛时，人们称它为"斯坎塔达斯岛"，西班牙语的意思为"魔鬼岛"。因为岛上有许多很大的乌龟，所以

后来称它为"加拉帕戈斯群岛",意为"巨龟之岛"。厄瓜多尔统治这些岛后,又将其改名为"科隆群岛"。

最初,鸟或海船偶尔把南美大陆的植物种子带到岛上,这些植物在此落地生根,适应新环境而生息繁衍。岛上有罕见的花草树木、飞禽走兽,既有寒带的企鹅又有热带的大蜥蜴,许多物种难觅其二。岛上的800多种植物中,约300种是群岛特产,58种鸟类中有28种举世无双,24种爬行动物全是独一无二的物种。因为岛上没有猛兽,所以动物都不怕人。

因此,科隆群岛也被人们称为"世界上最大的自然博物馆"。

科隆群岛既然位于太平洋东部的赤道上,为什么还会有企鹅呢？要知道企鹅可是生活在寒冷的南极的呀！这是因为由于寒流的影响，科隆群岛能给企鹅提供生活的环境，因而南极洲的企鹅游到这里后定居下来并繁殖后代，使得科隆群岛上有企鹅生存。

由于岛上生活着世上少见的珍奇动物，在1836年时，英国科学家达尔文在环球航海时到这个岛上进行考察。他认为特殊的环境和食物使这里的动物的外形发生了变化。今天，在这里的圣克里斯托巴尔岛上还竖立着达尔文半身铜像。科隆群岛已于1978年被联合国科教文组织宣布为"人类自然财产保护区"。

科隆群岛还被称为"世界上最孤独、最美丽的群岛"。群岛最高点是伊莎贝拉岛上的阿苏尔山，高1689米，是当今世界上少有的奇花异草荟萃之所、珍禽异兽云集之地，盛产大海龟和大蜥蜴。

　　科隆群岛是世界"人类文化与自然遗产"保护区之一。由于群岛长期与世隔绝，动植物自行生长发育，从而形成了独自的特点，造就了岛上独特而完整的生态系统。

延　伸　阅　读

　　科隆群岛上的动物群和中美洲、南美洲的动物群有较近的亲缘关系，这说明岛上的多数动物源于那里。因为越过海洋很困难，所以这里动物稀少。两栖动物很少，爬虫也不多，当地特有的陆地哺乳动物只有7种啮齿动物和两种蝙蝠。

神奇的牙买加岛

　　牙买加是中美洲加勒比海上的一个岛国。这里到处有丰满的水草、淙淙的泉水。在印第安阿拉瓦克族的语言中，"牙买加"就是"泉水之岛"的意思。

　　牙买加不仅有众多千姿百态的岩洞和清凉的泉水，还向人们

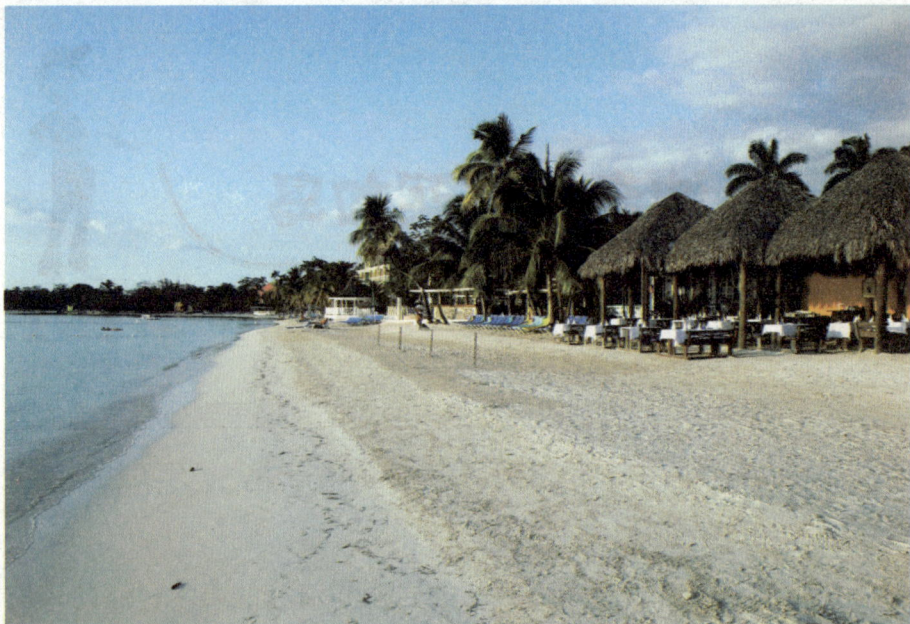

展现了绚丽的热带风光：茂密的香蕉林和椰子树，火红的大戟类植物和咖啡等热带作物。这里阳光明媚，气候宜人，使牙买加岛成为世界著名的旅游胜地。

　　牙买加岛的面积只有10991平方千米，境内多山岭，山峰都不很高，最高峰也只有2256米。在高山和幽谷之间，人们常常可以看到淙淙的山泉从崖壁的裂缝中流出。为什么牙买加会有这么多的泉水呢？这主要是因为岛的地理位置所致。

　　牙买加岛有广阔的石灰岩高原，主要分布在岛的中部和西部，境内多高山和幽谷。

　　兰山山脉绵亘东部，最高峰高2256米。

　　在高山和幽谷间瀑布长流。在石灰岩高原上，地面崎岖不平，数不清的如蜂窝般的石灰岩溶洞遍布其间，还有一些又大又深的下陷洞穴。

这里地处大西洋西部，位于中美洲、南美洲之间，属热带气候，降雨量充沛，雨水渗进地下裂隙和洞穴，形成丰富的储水。山谷地带由于受到自然力的破坏，形成许多沟壑，使充盈的泉水四溢，汇流成无数的河流和川涧，流泻入海。全岛大大小小的河流不下几百条，它们像一根根闪闪发光的银带，把全岛编织成一个巨大的水网。

这些河流各有特色，有着丰富多彩的名字：黑河、白河、大河、宽河、铜河、牛奶河、香蕉河等。岛上分布着大面积的石灰岩，石灰岩容易被酸性的水侵蚀而出现裂缝、溶洞，使岩石层中有了盛水的空间。

牙买加岛东北部的雨量特别充沛，因此岩石层中储有大量的清水。当岩层受到压力挤压而出现缺口时，便形成了一道道清亮的泉水。

牙买加岛除了有众多的飞泉、瀑布以外，还有许多千姿百态的岩洞，再加上浓郁的热带风情，使它成了一个旅游胜地。

牙买加有产量居世界第二的铝土矿，还出产香蕉、甘蔗、咖啡、可可、椰子等非常美味的热带水果。

延 伸 阅 读

牙买加首都金斯敦是世界第七大天然深水良港，是著名的旅游疗养胜地。位于东南岸海湾内岛上最高山峰兰山西南脚下，附近有肥沃的瓜内亚平原。城市三面是苍绿的丘陵和山峰，有"加勒比城市的皇后"之誉。

多雷暴的雷州半岛

　　雷州半岛为我国三大半岛之一，因多雷暴而得名，位于广东省西南部，南隔约30千米宽的琼州海峡与海南省相望。

　　雷州半岛的雷暴活动十分活跃，即使在冬季也能听到阵阵雷声，一年四季均有电闪雷鸣，是我国著名的三大雷区之一。

　　雷州半岛年平均雷暴日数近90天，多的年份达100多天。每年

5月至9月是雷州半岛雷暴的多发季节，其中7月至8月是雷暴高发期，雷暴活动密度大、频次高、强度强，极易出现雷击灾害。5月至9月平均每月雷暴达15天之多，最多的月份达20天以上，几乎天天有雷暴，天天都可听到"轰隆隆"的雷声，尤其是雷州半岛的南部。

那么，雷州半岛为什么会有如此多的雷暴，以至于以"雷"著称呢？这与雷州半岛所处的地理位置和地形地貌有关。

雷州半岛多雷的原因比较复杂。从地质的角度来看，雷州半岛处于上地幔的隆起区，上地幔的顶面距离地表，即地壳厚度，只有24千米，正常的一般达到35千米。加上地表的岩石大面积分布玄武质火山岩，含铁比较丰富。铁是磁性的物质，富含铁的地区磁电场相对较强。空气中的物质运动摩擦产生正负电荷。带负电荷的云层向下靠近地面时，地面的突出物、金属等会被感应出正电荷，随着电场的逐步增强，雷云向下形成下行先导，地面的物体形成向上闪流，二者相遇即形成对地放电。雷州半岛上地幔的隆起以及富含铁岩石可能是多雷的影响因素之一，但同时也有很多因素，如气象等与之相关。

雷州半岛地处低纬热带。一年四季高温高湿时间多、时段长，热量丰富，三面临海，水汽充沛，常处于潮湿不稳定的状态，极易产生强烈发展的积雨云。海陆交界造成的落差也有利于强对流的触发产生，激发空中不稳定能量的释放。

　　所以，雷州半岛及其附近海域特殊的地理地貌为强对流天气的发生提供了上升运动的热力动力条件，因此使得雷州半岛的雷暴天气频繁。

延 伸 阅 读

　　遇强雷鸣闪电时，如无特殊需要，不要冒险外出。要将门窗关闭；拉下室内电闸，拔去电器插头；不要使用设有外接天线的收音机和电视机，不要接打电话；不要使用淋浴洗澡，不要触摸水管等，以免发生危险。